U0415417

鸟类观察笔记

BIRD OBSERVATION NOTES

广东银排岭卷

张立娜　郭乐东　杨光大 ▣ 主编

中国林業出版社

·北　京·

图书在版编目（CIP）数据

鸟类观察笔记．广东银排岭卷 / 张立娜，郭乐东，杨光大主编．—北京：中国林业出版社，2021.7

ISBN 978-7-5219-1310-1

Ⅰ．①鸟… Ⅱ．①张… ②郭… ③杨… Ⅲ．①鸟类—介绍—天河区 Ⅳ．① Q959.7

中国版本图书馆 CIP 数据核字（2021）第 163482 号

中国林业出版社·自然保护分社（国家公园分社）

策　　划：刘海儿工作室

责任编辑：张衍辉　葛宝庆

电　　话：（010）83143521　83143612

出　　版：中国林业出版社（100009　北京市西城区刘海胡同7号）

网　　址：http://www.forestry.gov.cn/lycb.html

发　　行：中国林业出版社

印　　刷：北京博海升彩色印刷有限公司

版　　次：2021 年 7 月第 1 版

印　　次：2021 年 7 月第 1 次

开　　本：880mm × 1230mm　1/32

印　　张：5.25

字　　数：100千字

定　　价：50.00 元

编委会成员

主　编　张立娜　郭乐东　杨光大

副主编　卢　曼　庄晓纯　谢梅英　樊敏欢

摄　影　维　维　蓝　肖　天天向尚

　　　　袁　华　博　鸟　李志钢

手　绘　刘　东

鸟类的形态丰富多彩，观鸟不仅成为人们热衷的亲近自然、释放自我的休闲活动，还能为国家的生物多样性研究提供宝贵的资料。我们在观鸟过程中的记录可以为野生鸟类学研究的巨大数据库提供补充，起到科学家眼线的作用。形形色色的鸟类不仅丰富了我们的眼界，而且能激起我们善于探索的热情，不断地去寻求真理，将少为人知的“隐居”鸟儿郑重地向世界介绍。让我们一起去发现美，挖掘巨大的生物宝库吧！

本书是基于在广东省广州市银排岭地区2020年度一个完整年度的系统调查结果整理而成。银排岭地区位于广州的闹市中心——天河区内，归属龙眼洞盆地地区，具有亚热带季风气候，覆盖亚热带常绿阔叶林，是众多野生鸟类聚集的栖息地。本书充分体谅身处繁华都市的人们快节奏生活，特意编写，希望可以为紧张的生活提供舒适愉悦的放松方式。

本书的观鸟调查是如何进行的呢？

每天早晨6:30~8:00和傍晚17:30~19:00进行调查。进入9月中旬后，白天时间变短，因此将傍晚调查时间提前半个小时。“早起的鸟儿有虫吃”，所以早晨是鸟类最活跃的时候，此时的阳光柔和，舒适惬意，人为干扰较少，食物丰富，加之经历一个晚上的休息，鸟类精力充沛，也急于出来寻觅实物。“遇早而起，遇晚而歇”不仅是人类的作息规律，也是大自然中众多动物的作息规律，包括鸟类，太阳下山，将迎来具备很多不确定危险因素的黑夜，所以鸟儿必须在黑夜前再忙碌一会，为晚上的歇息做好准备。

根据调查范围内的生境，共确定了3条样线，每条样线长约1.5km，调查时行走的速度为1~2km/h。样线的设定是基于统计学中样本反映总体的思想来确定的，通过对样线条带内的个体进行绝对数量调查，来反映整个地区的种群数量或密度。本书根据银排岭的面积及布局，通过预查、复查等方法确定样线。最终确定的每条样线都考虑了其位置和特征及其涵盖的可能出没的鸟类数量和密度。行走速度不宜过快或过慢，过快容易导致遗漏或重复记录鸟类个体，过慢容易错过最佳观察时间。

观察时主要使用双筒望远镜识别，并记录沿途看见或听见线路两侧各50m宽范围内的鸟类的种类和数量。向前行走时从后方飞过的鸟类不进行记录。

关于鸟类基本知识，如身体结构、分类常识、迁徙特性、繁殖行为、鸣叫等请参考《鸟类学》《鸟的感观》《中国野生鸟类》以及世界鸟类家联盟(International Ornithologists' Union, IOU) 出版的《世界鸟类名录》(《IOC World Bird List》)(www.worldbirdnames.org/) 10.2版本 (2020年7月发布)。中文名主要依据《中国鸟类分类与分布名录》(第三版)。

本书共分3个部分，涵盖观鸟活动的3个重要环节，月度计划是设定观鸟目标的开始，观鸟程序是制定观鸟活动的准备。鸟类识别及记录是观鸟活动的核心。观鸟打卡是完成对自己的监督、约束和鼓励自己坚持完成观鸟计划，并向他人呈现自己独特的计划，传递正能量，互相促进。观鸟计划是活动的行动指南，在观鸟前事先规划好路线、方法、目标等内容，不仅能给自己信心，而且有利于保障活动的顺利进行。鸟类识别离不开对鸟类基础知识的掌握和对鸟类的基本了解，本书设计了鸟类的识别特征、生境及习性等基本内容，还特意添加了各种鸟类显著识别特征，有利于读者快速比对，快速记录。此书将会成为你良好的伴读，让你快速入门观鸟活动。本书设计的初衷就是一本开放的图书，是一本由作者与读者共同完成的图书。设置的记录页，以及二维码扩展的云平台均为读者的观鸟记录提供帮助。希望读者能与我们一起共享观鸟之乐。

限于水平，书中难免有错误和纰漏之处，敬请读者批评指正。

张立娜

2021年3月

中文名、学名

观鸟云笔记：扫描二维码
建立你的专属观鸟云平台

显著识别特征

鸟种外形特征

识别特征 中型涉禽，体长约60厘米。全身羽毛白色，繁殖期枕部具两根细长饰羽，背及胸具蓑状羽。与非繁殖期牛背鹭的区别在于体型较大而纤瘦。虹膜黄色；脸部裸露皮肤呈黄绿色，繁殖期为淡粉色；喙黑色；腿黑色，趾黄色。

鸟种栖息环境、生活习性

生境及习性 栖息于低海拔的沼泽、稻田、湖泊、滩涂及沿海小溪流。以鱼、蛙、昆虫等为食，兼食植物性食物。单独或成散群活动，营巢于阔叶林或杉木林的树冠处。每窝产卵3~5枚。

留鸟，常年可见。

鸟种在广东的
居留类型

我的观察笔记：本页内容可以对照左侧物种信息，结合观察内容绘制你独一无二的观察笔记

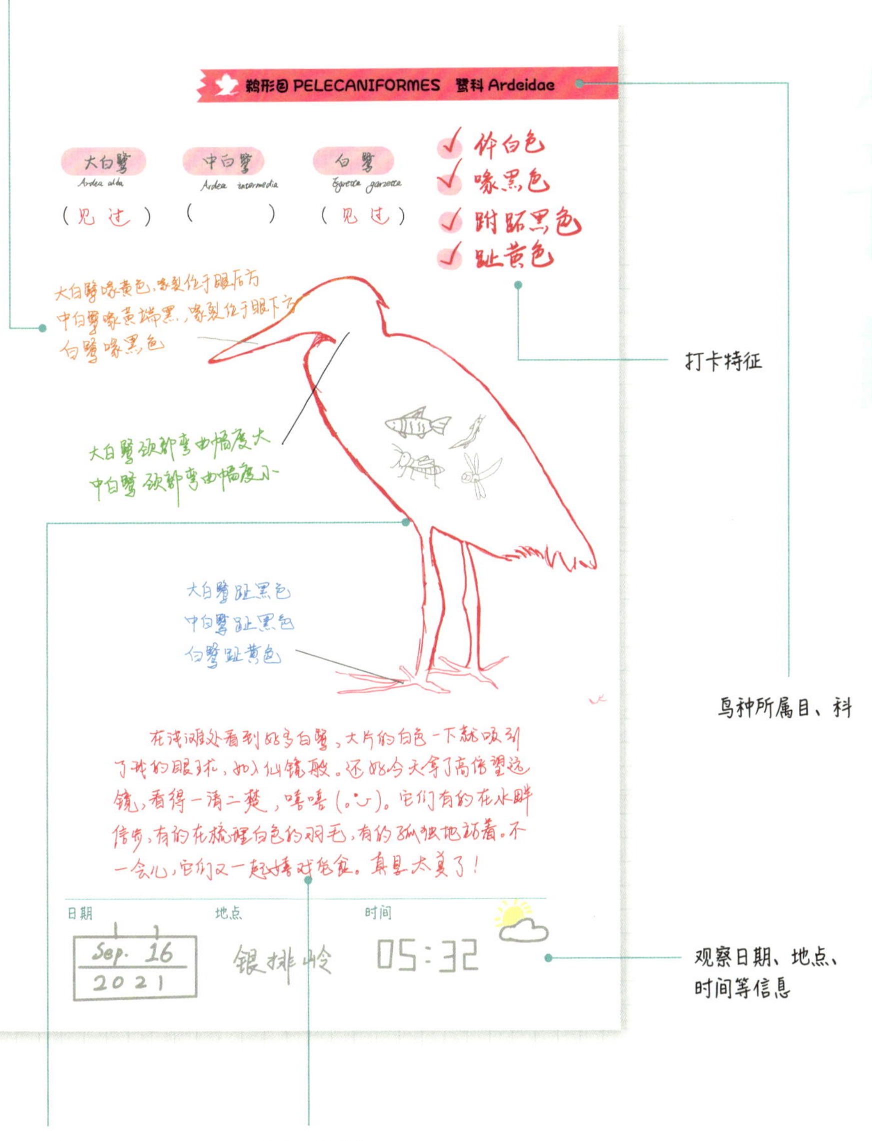

我的观察速写

我的观察感想

前言
使用说明
观鸟程序
基础知识
月度计划
观鸟打卡

鹈形目
鹭科
白鹭 / 018
夜鹭 / 020
绿鹭 / 022
池鹭 / 024

鹤形目
秧鸡科
白胸苦恶鸟 / 026
黑水鸡 / 028

䴙䴘目
䴙䴘科
小䴙䴘 / 030

鸡形目
雉科
灰胸竹鸡 / 032

鹃形目
杜鹃科
褐翅鸦鹃 / 034
噪鹃 / 036

鸮形目
鸱鸮科
斑头鸺鹠 / 038

鹰形目
鹰科
普通鵟 / 040
蛇雕 / 042

啄木鸟目
啄木鸟科
灰头绿啄木鸟 / 044
拟啄木鸟科
大拟啄木鸟 / 046

佛法僧目
翠鸟科
普通翠鸟 / 048

鸽形目
鸠鸽科
珠颈斑鸠 / 050
山斑鸠 / 052

雁形目
绿翅鸭 / 054

雀形目
绣眼鸟科
暗绿绣眼鸟 / 056
雀科
麻雀 / 058
山麻雀 / 060
燕雀科
黑尾蜡嘴雀 / 062
金翅雀 / 064
山雀科
大山雀 / 066
柳莺科
黄眉柳莺 / 068
黄腰柳莺 / 070
褐柳莺 / 072
长尾山雀科
红头长尾山雀 / 074
梅花雀科
白腰文鸟 / 076
斑文鸟 / 078
鹎科
白头鹎 / 080

灰背鸫 / 082
鹟科
紫啸鸫 / 084
北红尾鸲 / 086
红胁蓝尾鸲 / 088
鹊鸲 / 090
北灰鹟 / 092
东亚石䳭 / 094
攀雀科
中华攀雀 / 096
椋鸟科
黑领椋鸟 / 098
八哥 / 100
鹩哥 / 102
丝光椋鸟 / 104
鸦科
松鸦 / 106
喜鹊 / 108
大嘴乌鸦 / 110
灰喜鹊 / 112
红嘴蓝鹊 / 114
鹎科
白喉红臀鹎 / 116
白头鹎 / 118
黑短脚鹎 / 120
红耳鹎 / 122
鹡鸰科
白鹡鸰 / 124
灰鹡鸰 / 126
树鹨 / 128
噪鹛科
黑脸噪鹛 / 130
画眉 / 132
黑领噪鹛 / 134
鹀科
小鹀 / 136
伯劳科
棕背伯劳 / 138
红尾伯劳 / 140
燕科
家燕 / 142
金腰燕 / 144
扇尾莺科
纯色山鹪莺 / 146
长尾缝叶莺 / 148
黄腹山鹪莺 / 150
树莺科
栗头织叶莺 / 152
卷尾科
黑卷尾 / 154
发冠卷尾 / 156
花蜜鸟科
叉尾太阳鸟 / 158
啄花鸟科
红胸啄花鸟 / 160
山椒鸟科
赤红山椒鸟 / 162

中文名索引 / 164
学名索引 / 166

后记

<table>
<tr><td>温习鸟类的基础知识</td><td colspan="2">鸟类的身体结构，不同鸟类的各部分结构特征</td></tr>
<tr><td>观鸟地点基本情况</td><td colspan="2">了解观鸟地点的交通情况、环境特点，并根据该地的情况制定活动计划，确定观察样线或样点</td></tr>
<tr><td>制定出行安排</td><td colspan="2">林鸟和田鸟的观察最好在早晨、傍晚和雨后；猛禽的观察在中午；而在海边看水鸟则需根据潮汐的情况而定，涨潮时看游禽，退潮时看涉禽，潮位在0.5~1.5米最为理想</td></tr>
<tr><td rowspan="3">观鸟前准备工作</td><td>一本鸟类图鉴</td><td>好的观鸟书可以让你快速确定鸟的品种，更加方便记录。本书不仅图片清晰生动、言简意赅，而且特意配上显著识别特征，可以加深观鸟者的记忆并快速鉴别鸟的种类</td></tr>
<tr><td>一个记事本、若干笔</td><td>使用铅笔或圆珠笔，不要使用墨水笔，避免遇水后字迹变模糊</td></tr>
<tr><td>一架望远镜</td><td>建议使用屋脊型望远镜，一般7~10倍的双筒望远镜适合各种环境的观鸟活动，特别适合近距离观察林鸟使用；15~60倍的单筒望远镜适合观看远距离的水禽和固定的目标，但需要配合三脚架</td></tr>
</table>

<table>
<tr><td rowspan="2">观鸟前
准备工作</td><td>一台录音设备</td><td>听声辨鸟是观鸟的重要方面</td></tr>
<tr><td>一架照相机</td><td>一般35mm长焦镜头的单反相机或微单相机适合野外使用，配合大于200mm的长焦镜头拍摄清晰的鸟类图片，但要使用三脚架来减少图片晃动，提高细节辨别力</td></tr>
<tr><td rowspan="7">做好观察
记录</td><td colspan="2">鸟的名称及识别特征，如大小、体羽、喙、眼、跗跖等直观特征</td></tr>
<tr><td colspan="2">叫声录音</td></tr>
<tr><td colspan="2">观察的地点和日期</td></tr>
<tr><td colspan="2">尤其要详细记录下罕见或不寻常鸟的迹象</td></tr>
<tr><td colspan="2">记录某一地点所见迁徙种类要标上日期且记录体羽情况（繁殖期、繁殖后、非繁殖期等）以及鸟的数目</td></tr>
<tr><td colspan="2">记录所有繁殖现象</td></tr>
<tr><td colspan="2">记录任何异常的进食情况及习性</td></tr>
</table>

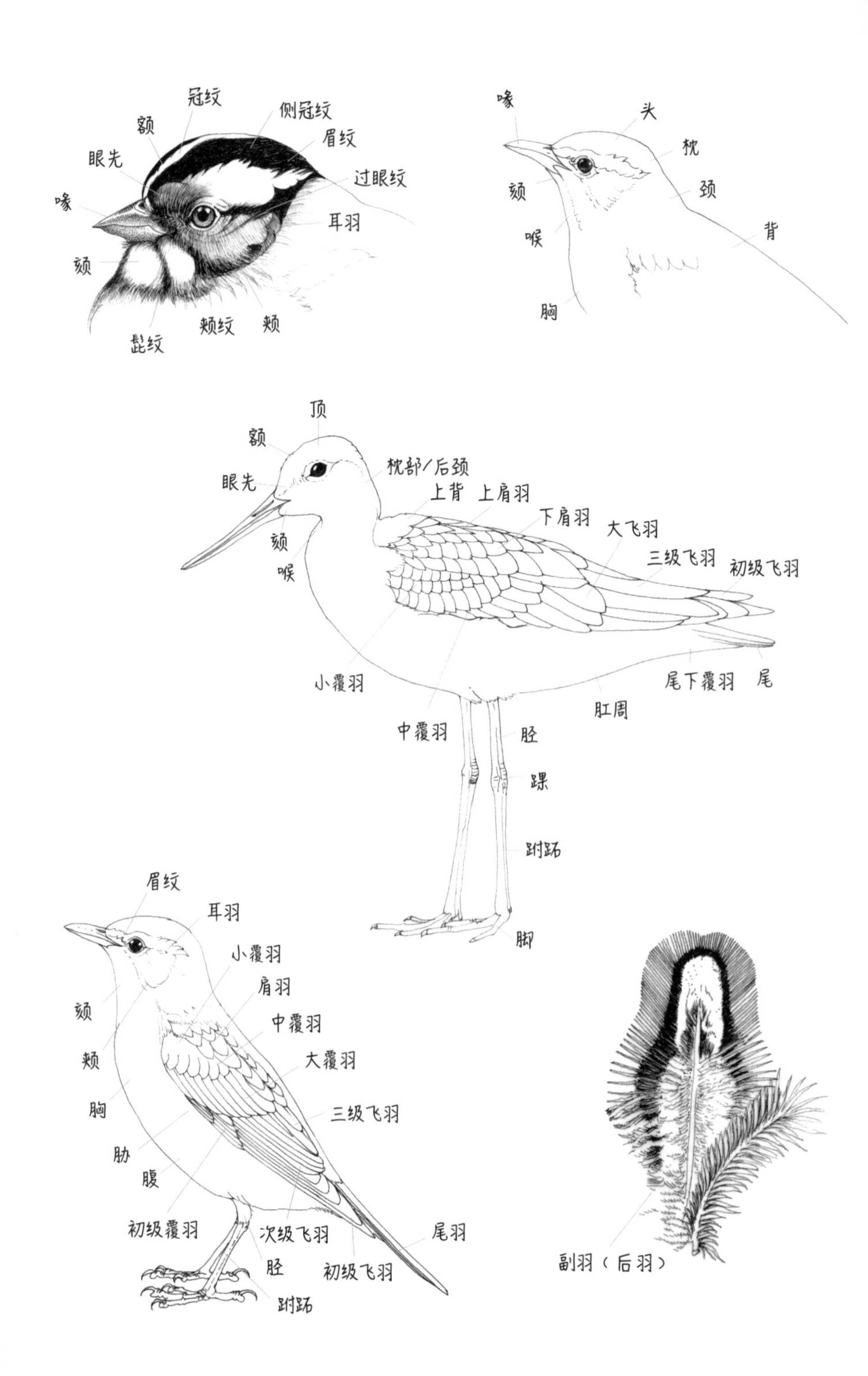
冠纹
额
侧冠纹
眉纹
眼先
过眼纹
喙
耳羽
颏
髭纹
颊纹
颊
喙
头
枕
颏
颈
喉
背
胸
顶
额
枕部/后颈
眼先
上背
上肩羽
下肩羽
大飞羽
颏
三级飞羽
初级飞羽
喉
小覆羽
尾下覆羽
尾
肛周
中覆羽
胫
踝
跗跖
脚
眉纹
耳羽
小覆羽
肩羽
中覆羽
颏
大覆羽
颊
胸
三级飞羽
胁
腹
初级覆羽
次级飞羽
尾羽
胫
初级飞羽
跗跖
副羽（后羽）

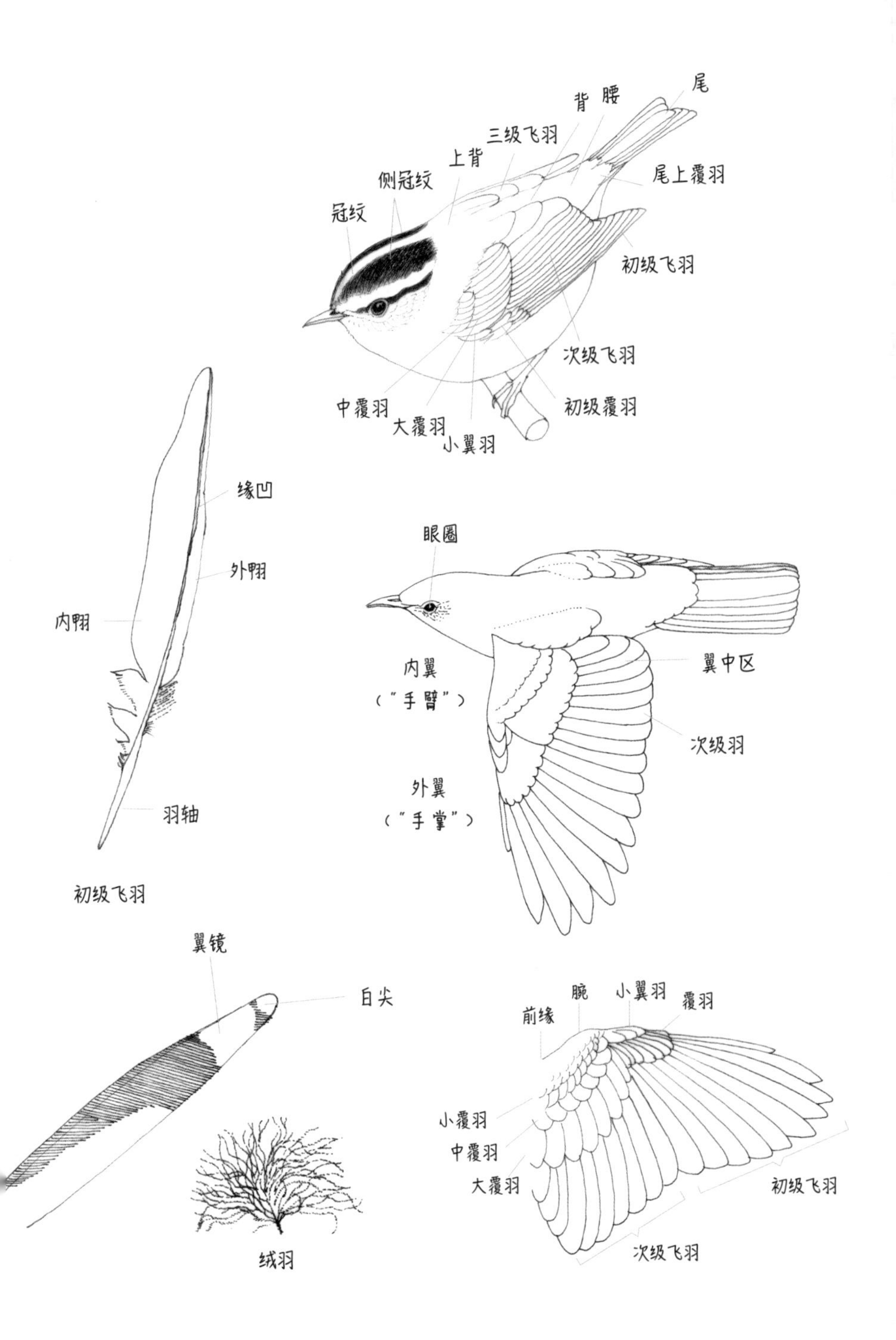
尾
背
腰
三级飞羽
上背
尾上覆羽
侧冠纹
冠纹
初级飞羽
次级飞羽
初级覆羽
中覆羽
大覆羽
小翼羽
缘凹
外翈
内翈
羽轴
初级飞羽
眼圈
内翼
（“手臂”）
翼中区
次级羽
外翼
（“手掌”）
翼镜
白尖
绒羽
腕
小翼羽
覆羽
前缘
小覆羽
中覆羽
大覆羽
初级飞羽
次级飞羽

12

1

2

3

4

5

6
7
8
9
10
11

鸟名	12月	1月	2月	3月	4月	5月	6月	7月	8月	9月	10月	11月
白鹭												
夜鹭												
绿鹭												
池鹭												
白胸苦恶鸟												
黑水鸡												
小鸊鷉												
灰胸竹鸡												
褐翅鸦鹃												
噪鹃												
斑头鸺鹠												
普通鵟												
蛇雕												
灰头绿啄木鸟												
大拟啄木鸟												
普通翠鸟												
珠颈斑鸠												
山斑鸠												
绿翅鸭												
暗绿绣眼鸟												
麻雀												
山麻雀												
黑尾蜡嘴雀												
金翅雀												
大山雀												
黄眉柳莺												
黄腰柳莺												
褐柳莺												
红头长尾山雀												
白腰文鸟												
斑文鸟												
乌鸫												
灰背鸫												
紫啸鸫												
北红尾鸲												
红胁蓝尾鸲												
鹊鸲												

鸟名	12月	1月	2月	3月	4月	5月	6月	7月	8月	9月	10月	11月
北灰鹟												
东亚石䳭												
中华攀雀												
黑领椋鸟												
八哥												
鹩哥												
丝光椋鸟												
松鸦												
喜鹊												
大嘴乌鸦												
灰喜鹊												
红嘴蓝鹊												
白喉红臀鹎												
白头鹎												
黑短脚鹎												
红耳鹎												
白鹡鸰												
灰鹡鸰												
树鹨												
黑脸噪鹛												
画眉												
黑领噪鹛												
小鹀												
棕背伯劳												
红尾伯劳												
家燕												
金腰燕												
纯色山鹪莺												
长尾缝叶莺												
黄腹山鹪莺												
栗头织叶莺												
黑卷尾												
发冠卷尾												
叉尾太阳鸟												
红胸啄花鸟												
赤红山椒鸟												

识别特征 中型涉禽，体长约60厘米。全身羽毛白色，繁殖期枕部具两根细长饰羽，背及胸具蓑状羽。与非繁殖期牛背鹭的区别在于体形较大而纤瘦。虹膜黄色；脸部裸露皮肤呈黄绿色，繁殖期为淡粉色；喙黑色；跗跖黑色，趾黄色。

生境及习性 栖息于低海拔的沼泽、稻田、湖泊、滩涂及沿海小溪流。以鱼、蛙、昆虫等为食，兼食植物性食物。单独或成散群活动，营巢于阔叶林或杉木林的树冠处。每窝产卵3~5枚。

留鸟，常年可见。

日期　　地点　　时间

夜鹭

Nycticorax nycticorax

识别特征 中型涉禽，体长约61厘米。身体呈黑白色。头大而体壮。成鸟顶冠黑色，颈及胸白色，颈背具两条白色丝状羽，背部黑色，两翼及尾部灰色。雌鸟稍小于雄鸟。

生境及习性 栖息于平原和低山丘陵的溪流、水塘、江河、沼泽和水田地上。夜出性，喜结群。取食于稻田、草地及水渠两旁。主要以鱼、蛙、虾、水生昆虫等动物性食物为食。营巢于水上悬枝。

留鸟，常年可见。

日期　　地点　　时间

绿鹭

Butorides striata

识别特征 小型涉禽，体长小约43厘米。体呈深灰色，成鸟顶冠及长冠羽闪绿黑色，一道黑色线从喙基部延至枕后。上背灰色，两翼及尾青蓝色并具绿色光泽，覆羽羽缘白色。颏白色，腹粉灰色。雌鸟略小，褐色；幼鸟具褐色纵纹。虹膜黄色，眼周黄绿色；喙黑色；脚偏绿色。

生境及习性 栖息于山间溪流、湖泊、滩涂、灌丛及红树林等有浓密覆盖的地方。性孤僻，在溪边捕食。主要以鱼、蛙类、螺类及昆虫等为食。营巢于近水的阔叶林或灌木丛的树冠隐蔽处，每窝产卵3~5枚。

留鸟，常年可见。

日期　　地点　　时间

池鹭

Ardeola bacchus

识别特征 中型涉禽，体长约45厘米。翼白色，身体具褐色纵纹。繁殖期头及颈深栗色，胸深绛紫色，从肩至尾的蓑羽蓝黑色，余部白色。非繁殖期大体灰褐色，具褐色纵纹。虹膜金黄色；喙黄色，喙端黑色；跗跖至趾黄绿色。

生境及习性 栖息于池塘、湖泊、沼泽及稻田等水域及附近的树上。单独或结小群活动。以动物性食物为食。常与夜鹭、白鹭、牛背鹭等组成巢群，在竹林、杉木等树木的顶部筑巢，每窝产卵4~5枚。留鸟，常年可见。

日期 地点 时间

白胸苦恶鸟

Amaurornis phoenicurus

识别特征 中型涉禽，体长约33厘米。头顶至尾灰黑色，前额、两颊至上腹部白色，前胸为白色，胁部黑色，臀部栗色。虹膜红色；喙黄绿色，上喙基橙红色；跗跖黄褐色。

生境及习性 栖息于沼泽、河流、湖泊、农田、红树林、灌渠和池塘等潮湿生境。常单独活动，偶尔两三成群。善于步行、奔跑和涉水。杂食性，营巢于水域附近的灌木丛、草丛或灌水的水稻田内。每窝产卵4～10枚。

留鸟，常年可见。

日期 地点 时间

识别特征 中型涉禽，体长约31厘米。通体黑色，额甲亮红色，喙短。体羽全青黑色，仅两肋有白色细纹线条及尾下有两块白斑。幼鸟背部暗灰褐色，颊、喉及腹部灰白色。虹膜栗红色；喙红色具黄色喙端；脚黄绿色。

生境及习性 栖息于挺水植物茂盛的沼泽、湖泊、池塘、水田。常在水中游动，在水面浮游植物间及开阔草地觅食。不善飞，飞行缓慢。杂食性。筑巢于草丛或芦苇丛中，每窝产卵5～8枚。

留鸟，常年可见。

日期 地点 时间

小䴙䴘

Tachybaptus ruficollis

识别特征 小型涉禽，体长约27厘米。繁殖期头顶及背部深褐色，喉及颈偏红色，具黄绿色喙斑，胸腹部灰白色。非繁殖期背部灰褐色，胸腹部皮黄色，尾短小，呈绒毛状。瓣蹼足，跗跖后移至身体后方。虹膜黄色；喙黑色或角质色；脚灰蓝色。

生境及习性 栖息于池塘、湖泊、江河、沼泽等地。有时成小群，也与其他水鸟混群。常潜水取食水生昆虫、鱼虾等。营巢于水生植物上，窝卵数4～8枚。早成鸟，孵出后第2日即可下水游泳。

留鸟，常年可见。

日期 地点 时间

灰胸竹鸡

Bambusicola thoracicus

识别特征 中型陆禽，体长约33厘米。额、眉纹及前胸蓝灰色，与脸、喉的棕色成对比。背部褐色，翼上覆羽具栗色、黑色和白色的斑点，胸腹部皮黄色，胁部具较多黑斑，尾具细横斑。

生境及习性 栖息于有浓密灌丛的阔叶林、竹林、开阔林地等。以家庭群栖居。杂食性，以杂草种子、嫩芽、果实、谷粒及昆虫和蠕虫为食。多营巢于灌丛、草丛、树木、竹林下，每窝产卵5～12枚或更多。

留鸟，常年可见。

日期 地点 时间

褐翅鸦鹃

Centropus sinensis

识别特征 中型攀禽，体长约52厘米。体大而尾长，色彩暗淡，色泽显污浊。成鸟上背、翼为纯栗红色，余部黑色而带有光泽。亚成体具有数量不一的横纹。虹膜红色或灰蓝色至暗褐色，喙黑色，趾黑色。

生境及习性 喜林缘地带、次生灌木丛、多芦苇河岸及红树林。以动物性食物为主，包括昆虫、蚯蚓、软体动物、蜥蜴、蛇、田鼠、鸟卵、雏鸟等。巢成粗糙球状，侧方开口，每窝产卵约5枚。

留鸟，常年可见。

日期　　地点　　时间

识别特征 中大型攀禽，体长约42厘米。雄鸟全身黑色带钢蓝色光泽；雌鸟深灰色染褐，并具大量白斑，在腹部形成横斑。虹膜深红色；喙暗绿色；脚蓝灰色。

生境及习性 栖息于稠密或开阔的森林、果园、灌丛或园林。常隐蔽于大树顶层密集的叶簇中，飞行快速而无声。杂食性，以野果、种子及昆虫等为食。卵寄孵在黑领椋鸟、喜鹊、红嘴蓝鹊等巢中。

夏候鸟。

日期　　地点　　时间

斑头鸺鹠

Glaucidium cuculoides

识别特征 小型猛禽，体长约24厘米。头顶具棕褐色横斑，无耳羽簇；胸腹部为褐色和皮黄色。背部褐色且具浅黄色横斑，沿肩部有一道白色线。胸腹部几乎全褐色且具深褐色横斑；臀偏白色，两胁栗色，尾近黑色且具白色细横纹。虹膜橙黄色；喙偏绿色，端黄色；趾绿黄色。

生境及习性 栖息于森林、农田、村庄和公园等地。主要为夜行性，多在夜间和清晨鸣叫，但有时白天也活动。能在空中捕捉小鸟和大型昆虫，也吃蛙、鼠等。营巢于天然洞穴，有时也抢占其他鸟类的洞巢。

留鸟，常年可见。

日期 地点 时间

普通鵟

Buteo japonicus

识别特征 大中型猛禽，体长约50厘米。背部深红褐色，脸侧皮黄色具近红色细纹，栗色的髭纹显著；胸腹部偏白色具棕色纵纹，两胁及跗跖部被羽棕色。虹膜黄色至褐色；喙灰色而端黑色，蜡膜黄色；趾黄色。

生境及习性 栖息于山地森林、喜开阔原野，在裸露的树枝上歇息。飞行时常停在空中振羽。除啮齿类外，也吃蛙、蜥蜴、蛇、野兔、小鸟和大型昆虫等动物性食物。营巢于树上或岩石上，用树枝搭建并铺满绿叶。

冬候鸟。

日期　　地点　　时间

识别特征 中大型猛禽，体长约70厘米。具有末端白色的蓬松黑色冠羽。成鸟背部深褐色，胸腹部褐色，腹部、两胁及臀部具有白色点斑。尾部黑色横斑间以灰白色的宽横斑。虹膜黄色；喙灰褐色；趾黄色。

生境及习性 栖息于山地森林及其林缘的开阔地带。多栖于大树枝上、显眼的树尖或电杆上。求偶期成对。主要以各种蛇类为食，也吃蜥蜴、蛙、鼠、鸟和甲壳类动物。

留鸟，常年可见。

日期 地点 时间

灰头绿啄木鸟

Picus canus

识别特征 中型攀禽，体长约27厘米。背部暗灰绿色，胸腹部全灰色，颊及喉亦灰色。头部灰色，眼先及细髭纹黑色，腰亮绿色，枕及尾黑色。初级飞羽黑色而具白斑。雄鸟顶冠猩红色，而雌鸟为灰色。虹膜红褐色；喙近灰色，下喙基黄色；脚蓝灰色。

生境及习性 栖息于低地及丘陵的开阔林地及林缘地区。怯生谨慎，以攀树搜索虫、蚂蚁为食，兼吃植物性食物。

留鸟，常年可见。

日期 地点 时间

大拟啄木鸟

Psilopogon virens

识别特征 中型攀禽，体长约30厘米。头钢蓝色，前额、眼先及颏颊色深，上背棕色，双翼、腰及尾绿色。胸腹部黄色带有浅绿色纵纹，尾下覆羽亮红色。具有显著增大的头和喙。虹膜棕褐色；喙浅黄色或褐色而端黑色，脚灰色。

生境及习性 栖息于落叶或常绿林中，多停息在山顶的阔叶树上。多成对或5、6只活动，有时数鸟集于一棵树顶鸣叫。飞行如啄木鸟，升降幅度大。以昆虫、植物果实为食。营巢于树洞中，每窝产卵3~5枚。

留鸟，常年可见。

日期　　地点　　时间

识别特征 小型攀禽，体长约15厘米。背部呈金属般浅蓝绿色，橘黄色条带横贯眼部及耳羽，颈侧具白色点斑；腰、背及尾亮蓝色，翼上覆羽具亮蓝色斑点。胸腹部橙棕色，颏白色。幼鸟色彩暗淡。虹膜褐色；喙黑色，雌鸟下喙橘黄色；脚红色。

生境及习性 栖息于池塘、水库、湖泊、小溪等临近水的岩石或探出的树枝上。常单独或成对活动，扑入水中捕食。主要以小鱼、甲壳类及水生昆虫为食。营巢于田野基的沙土中挖掘隧道，隧道深60厘米左右。每窝产卵6～7枚。

留鸟，常年可见。

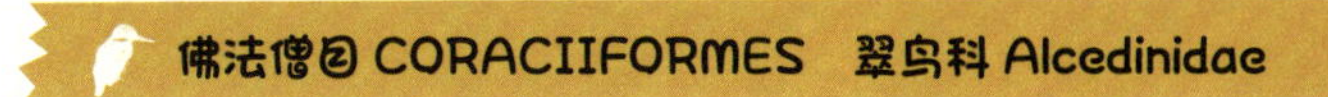
佛法僧目 CORACIIFORMES 翠鸟科 Alcedinidae

日期 地点 时间

珠颈斑鸠

Streptopelia chinensis

识别特征 中型陆禽，体长约30厘米。颈侧有黑底白色的斑点，背部灰褐色，胸腹部粉红色。尾略显长，外侧尾羽前端的白色甚宽，飞羽较体羽深。虹膜橙色；喙深灰色；脚暗粉红色。

生境及习性 栖息于有疏林的草地、丘陵、郊野农田或潮湿的阔叶林。常结小群活动，在树上停歇，在地面觅食。以植物种子为食。营巢于树上或矮树丛和灌木丛间，也见于山边岩石裂缝中。每窝产卵通常2枚。

留鸟，常年可见。

日期 地点 时间

识别特征　中型陆禽，体长约32厘米。背部具深色鳞片状体羽，羽缘棕色，腰蓝灰色，尾羽近黑色，尾梢浅灰色。胸腹部多偏粉色。虹膜橙黄色；喙铅灰色；脚粉红色。

生境及习性　栖息于丘陵、山脚及平原的多树地区。常结群活动。主要以植物种子、幼芽、嫩叶、果实及农作物等植物性食物为食，也吃蜗牛、昆虫等动物性食物。营巢于树上或灌木丛间，每窝产卵常2枚。

留鸟，常年可见。

日期 地点 时间

绿翅鸭

Anas crecca

识别特征 小型游禽，体长约37厘米。绿色翼镜在飞行时显而易见。雄鸟头部呈明显的金属亮绿色，带皮黄色边缘的贯眼纹横贯栗色的头部，肩羽上有一道白色条纹，深色的尾下羽外缘具皮黄色斑块，其余体羽多灰色。雌鸟呈褐色斑驳，腹部色淡。

生境及习性 栖息在开阔、水生植物茂盛且少干扰的中小型湖泊和各种水塘中。营巢于湖泊、河流等水域岸边或附近草丛和灌木丛中地上。巢极为隐蔽，通常为一凹坑，内垫有少许干草、四周围以绒羽。冬候鸟。

日期 地点 时间

暗绿绣眼鸟

Zosterops japonicus

识别特征 小型鸣禽，体长约11厘米，背部鲜亮橄榄绿色，眼圈白色。下胸部及两胁灰色；喙灰黑色；脚暗铅色。

生境及习性 栖息于阔叶林、针阔混交林、次生林等各种类型森林中，林缘等地高大树木上。性活泼而嘈杂，集群活动，也参与混合鸟群。以昆虫为食，也吃一些植物性食物。每窝产卵3～4枚。

留鸟，常年可见。

日期　　地点　　时间

麻雀

Passer montanus

识别特征 小型鸣禽，体约14厘米。顶冠及颈背褐色，雌雄同色。成鸟背部近褐色，胸腹部皮黄灰色，颈背部具完整的灰白色领环，脸颊具明显黑色点斑且喉部黑色较少。幼鸟似成鸟但色彩暗淡。虹膜深褐色；喙黑色，幼鸟喙基黄色；脚粉褐色。

生境及习性 栖息于稀疏树木的地区、村庄、农田及城镇等。性喜成群，除繁殖期外，常成群活动。一般于房檐、屋顶及周边的小树林和灌丛上筑巢。杂食性，主要以谷粒、草籽、种子、果实等植物性食物为食。

留鸟，常年可见。

日期 地点 时间

山麻雀

Passer cinnamomeus

识别特征 中小型鸣禽，体长约14厘米。雌雄形色非常接近。成鸟背部近褐色，胸腹部皮黄灰色，颈背具完整的灰白色领环。幼鸟似成鸟但色较黯淡，喙基黄色，幼鸟喉部为灰色。虹膜深褐色，喙黑色，脚粉褐色。

生境及习性 栖息于居民点和田野附近。鸣声喧噪。喜结群。主要以谷物为食。繁殖期食部分昆虫，并以昆虫育雏。多营巢于人类的居住处，如屋檐、墙洞、树洞，有时会占领家燕的窝巢。
常年可见，大多数为留鸟。

日期 地点 时间

黑尾蜡嘴雀

Eophona migratoria

识别特征　中型鸣禽，体长约19厘米。喙粗大，黄色。雄鸟头、背、肩灰褐色，腰和尾覆羽浅灰色，两翅和尾黑色。雌鸟头灰褐色，背灰黄褐色，腰和尾覆羽近银灰色，尾羽灰褐色、胸腹部淡灰褐色，腹和两肋沾橙黄色。

生境及习性　栖息于低山和山脚平原地带的阔叶林、次生林和人工林中，时而见于林缘疏林、河谷、果园、城市公园以及农田地边。

冬候鸟。

日期 地点 时间

金翅雀

Chloris sinica

识别特征 小型鸣禽，体长约13厘米。通体黄、灰及褐色。具宽阔的黄色翼斑。成体雄鸟头及颈背灰色，背纯褐色。外侧尾羽基部及臀部黄色，尾略成叉形。胸腹部暖褐色。雌鸟褐色更浓；幼鸟色彩暗淡且多纵纹。虹膜深褐色；喙偏粉色，尖端暗色；脚粉褐色。

生境及习性 栖息于中低山丘陵或山脚平原的高大树上、公园树丛。多结群，喜栖于裸子植物和电线上。以杂草种子、树木种子、谷物及昆虫为食。每窝产卵2～5枚。

留鸟，常年可见。

日期 地点 时间

大山雀

Parus minor

识别特征 中小型鸣禽，体长约14厘米。头和喉辉黑色，脸侧白斑，颈背块斑；双翼上有一道白色条纹，沿胸中央而下有一道黑色带。雄鸟胸带较宽，幼鸟为胸兜。虹膜暗棕色；喙黑色；脚深灰色。

生境及习性 常栖息于红树林、林缘及开阔林地。性活泼，不畏人，行动敏捷，成对或结小群活动，时在树顶，时在地面。以昆虫为食，也吃少量植物性食物，在枝间跳跃觅食或悬垂在枝叶下觅食。每窝产卵6～13枚。

留鸟，常年可见。

日期　　地点　　时间

黄眉柳莺

Phylloscopus inornatus

识别特征 小型鸣禽，体长约11厘米。背羽橄榄绿色，具两道明显的近白色翼斑，具白色的眉纹和顶纹，胸腹部色彩从白色变至黄绿色。虹膜褐色；喙细尖，上喙色深，下喙基黄色；脚粉褐色。

生境及习性 性活泼，常结群且与其他小型食虫鸟类混合，栖于森林的中上层。所吃的昆虫种类有膜翅目、双翅目、鞘翅目、同翅目、半翅目等的昆虫，筑巢极为隐蔽，常在地表的枯枝落叶层中，或在地面凹窝中。

冬候鸟。

日期 地点 时间

黄腰柳莺

Phylloscopus proregulus

识别特征 小型鸣禽，体长约9厘米。腰柠檬黄色，具两道浅色翼斑，胸腹部灰白色，臀及尾下覆羽沾浅黄色，具黄色的粗眉纹和适中的顶纹，眼先为橘黄色。虹膜褐色；喙黑色，喙基橙黄色，脚粉红色。

生境及习性 栖息于森林和林缘灌丛地带，常与其他柳莺混群活动，在林冠层穿梭跳跃，觅食昆虫，偶尔吃杂草种子。5~7月繁殖，营球形巢于树枝上，每窝产卵3~6枚。

冬候鸟。

日期　　地点　　时间

褐柳莺

Phylloscopus fuscatus

识别特征 小型鸣禽，体长11～12厘米。体墩圆，两翼短圆，尾凹圆。背部灰褐色，飞羽有橄榄绿色的翼缘。眉纹白棕色，过眼纹暗褐色。颏、喉白色，胸及两胁沾黄褐。亚成鸟眉纹栗褐色，脸颊无皮黄色。

生境及习性 隐匿于沿溪流、沼泽周围及森林的浓密低植被之下。鸣声为一连串响亮单调的清晰哨音，以一颤音结尾。叫声为尖厉的"chett、chett"，似击石头之声。

冬候鸟。

日期　　地点　　时间

红头长尾山雀

Aegithalos concinnus

识别特征 小型鸣禽，体长约10厘米。头顶及颈背棕色，过眼纹宽而黑色，下颊及颏、喉白色具显著的黑色喉斑，背部灰褐色，胸腹部白色，胸带栗色，幼鸟头顶色浅，无黑色喉斑。虹膜浅黄色；喙黑色；脚红褐色。

生境及习性 栖息于山地森林、灌木林间、果园及茶园等。常结小群在灌木丛或乔木间活动，性活泼而嘈杂。杂食性，主要以昆虫为食。常营巢于针叶树上，窝卵数5～8枚，雌雄亲鸟共同参与孵卵与育雏。留鸟，常年可见。

日期 地点 时间

白腰文鸟

Lonchura striata

识别特征 小型鸣禽，体长约11厘米。头及背部深褐色，眼周及翼较黑，具尖形的黑色尾，腰白色，腹部皮黄白色，背上有白色纵纹，胸腹部具细小的皮黄色鳞状斑及细纹。虹膜红褐色；上喙黑色，下喙蓝灰色；脚深灰色。

生境及习性 栖息于中低山丘陵和山脚平原地带，尤以溪流、苇塘、农田和村落附近较常见。多站在树枝上鸣叫，飞行呈波浪状。以植物性食物为主，也吃少量昆虫等动物性食物。每窝产卵多4~6枚，孵卵期约14天，育雏期约19天，雌雄共同孵卵和育雏。

留鸟，常年可见。

日期 地点 时间

识别特征 小型鸣禽，体长约10厘米。背部褐色，喉红褐色；胸腹部灰白色，胸及两胁具深褐色鳞状斑。幼鸟胸腹部浓皮黄色而无鳞状斑。虹膜红褐色；喙蓝灰色；脚灰黑色。

生境及习性 多成群栖息于灌丛、竹丛、稻田及草丛间，也见与白腰文鸟、麻雀等混群。以吃谷物为主。常营巢于靠近主干的密集枝杈处。每窝产卵4～8枚。雌鸟育雏，雏鸟留巢期20～22天。

留鸟，常年可见。

日期 地点 时间

识别特征　大型鸣禽，体长约29厘米。雄鸟全黑色，喙及眼圈橘黄色。雌鸟通体黑褐色，颏、喉及上胸具深色纵纹。虹膜黑褐色；雄鸟喙黄色，雌鸟喙深褐色；脚黑色。

生境及习性　喜栖于林区外围、林缘疏林、农田及村镇附近的小树丛中、城市公园及绿地等。常单独或结群活动，多栖于乔木上，到地面取食。主要以昆虫、蚯蚓为食，也吃部分植物性食物。营巢于村寨附近乔木主干分枝处，每窝产卵4～6枚。

留鸟，常年可见。

日期　　地点　　时间

灰背鸫

Turdus hortulorum

识别特征 小型鸣禽，体长约24厘米。雄鸟背部、胸灰色，喉灰色偏白色，两胁及腋下橘黄色。雌鸟上身褐色略重，喉及胸白色，胸侧及两胁具黑色斑点，两胁棕色。虹膜褐色；喙黄；脚肉色。

生境及习性 栖息于低山丘陵地带的茂密森林。多活动在林缘、草坡、农田等开阔地带。鸣声清脆响亮，极善鸣叫。主要以鞘翅目、鳞翅目和双翅目等昆虫及果实等为食。

冬候鸟。

日期 地点 时间

紫啸鸫

Myophonus caeruleus

识别特征 大型鸣禽，体长约32厘米。通体蓝黑色，仅翼覆羽具少量的浅色点斑。头及颈部的羽尖具闪光小羽毛片，上背和胸具浅色闪光点斑，翼及尾沾紫色闪辉。虹膜红褐色；喙黄色或黑色；脚黑色。

生境及习性 常栖息于山地森林溪流沿岸，有时也见于村寨附近的灌木丛中。单独或成对活动。在地面或浅水间觅食，主要以昆虫、蟹为食，也吃少量植物果实和种子。每窝产卵通常为4枚，雌雄共同育雏。

留鸟，常年可见。

日期　　地点　　时间

北红尾鸲

Phoenicurus auroreus

识别特征 中型鸣禽，体长约15厘米。具明显而宽大的白色翼斑和红棕色的腰。雄鸟头顶至背银灰色；眼先、头侧、喉、上背及两翼褐黑色，仅翼斑白色；体羽余部栗褐色，中央尾羽深褐色。雌鸟褐色，白色翼斑显著，眼圈及尾皮黄色，臀部有时为棕色。

生境及习性 夏季栖息于亚高山森林、灌木丛及林间空地，冬季栖息于低地落叶矮树丛及耕地。常单独或成对活动。动作敏捷，尾颤动不停，还常伴着较微弱而单调的叫声。

冬候鸟。

日期 地点 时间

红胁蓝尾鸲

Tarsiger cyanurus

识别特征 中型鸣禽，体长约15厘米。特征为橘黄色两胁与白色腹部及臀成对比。雄鸟背部蓝色，眉纹白；幼鸟及雌鸟背部褐色，尾蓝色。虹膜褐色；喙黑色；脚灰色。

生境及习性 常栖息于湿润山地森林及次生林的林下低处。常单独或成对活动于丘陵和平原开阔林地。地栖性，性隐蔽但不畏人。停歇时，尾常上下摆动。以昆虫为主食。

冬候鸟。

日期 地点 时间

鹊鸲

Copsychus saularis

识别特征 中型鸣禽，体型中等，体长约20厘米。通体呈黑白灰色。雄鸟头、颈、胸及背黑色，翼黑色具白色翼斑。外侧尾羽、腹及臀白色。雌雄相似，但暗灰取代黑色。亚成鸟似雌鸟但为杂斑。虹膜褐色；喙及脚黑色。

生境及习性 常见于花园、村庄、开阔森林。性活泼，栖于显著处鸣唱。几乎全食动物性食物，兼吃少量草籽和野果。常在粪坑、垃圾堆觅食。每窝产卵4～6枚。

留鸟，常年可见。

日期　　地点　　时间

北灰鹟

Muscicapa dauurica

识别特征 小型鸣禽，体长约13厘米。通体灰褐色，头显大。背部灰黑色，胸腹部偏白色，胸侧及两胁褐灰色。眼圈白色，冬季眼先偏白色。虹膜褐色；喙黑色，下喙基黄色；脚黑色。

生境及习性 常见于山地溪流沿岸的混交林、针叶林和落叶阔叶林。常单独或成对活动。多停栖在树冠中下层，从栖处捕食昆虫，至栖处后尾作独特的颤动。

冬候鸟。

日期　　地点　　时间

东亚石䳭

Saxicola stejnegeri

识别特征 小型鸣禽，体长约14厘米。体为黑、白、赤褐三色。雄鸟头部及飞羽黑色，背深褐色，颈及翼上具粗大的白斑，胸棕色，腰白色。雌鸟色较暗，胸腹部皮黄色，仅翼上具白斑，喉部浅白色。

生境及习性 喜开阔的栖息生境如农田、花园及次生灌丛。栖于突出的低树枝以跃下地面捕食猎物。

留鸟，常年可见。

日期　　地点　　时间

中华攀雀

Remiz consobrinus

识别特征 小型攀禽，体长约11厘米。雄鸟顶冠灰色，脸罩黑色，背棕色，尾凹形。雌鸟及幼鸟似雄鸟但色暗，脸罩略呈深色。虹膜深褐色；喙灰黑色；脚蓝灰色。

生境及习性 栖息于高山针叶林或混交林间，也活动于低山开阔的村庄附近，冬季见于平原地区。冬季成群，特喜芦苇地栖息环境。叫声高调、柔细而动人的哨音“tsee”；较圆润的“piu”及一连串快速的“siu”声。鸣声似雀鸟，“tea-cher”的主调接“si-si-tiu”副歌。留年，常年可见。

日期 地点 时间

黑领椋鸟

Gracupica nigricollis

识别特征 中大型鸣禽，体长约28厘米。成鸟头白色，颈环及上胸黑色；背及两翼黑色，翼缘白色；尾黑色而尾端白色；下胸至臀部白色；眼周裸露皮肤黄色。雌鸟与雄鸟相似但多褐色，无黑色颈环。虹膜深褐色；喙黑色；脚灰褐色。

生境及习性 常见结小群于中国南方的农田。常与八哥、其他椋鸟混群栖息与觅食，有时在水牛群或牲口群中找食。鸣声单调、嘈杂，常且飞且鸣。杂食性，以动物性食物为主。营巢于大树的树杈或枝梢间。每窝产卵4～6枚。

留年，常年可见。

日期 地点 时间

八哥

Acridotheres cristatellus

识别特征 中型鸣禽，体长约26厘米。体呈黑色。冠羽突出，尾端有狭窄的白色，尾下覆羽具黑色及白色横纹。虹膜橘黄色；喙浅黄色，喙基红色；脚暗黄色。

生境及习性 活动于近山矮林、路旁、村庄和农作区，也见于苗圃、公园等生境。性活泼，结小群生活，不甚惧人。以蚯蚓、昆虫、植物块茎和牛的体外寄生虫为食。筑巢于树洞中或建筑物洞穴内，每窝产卵为3～6枚。

留年，常年可见。

日期 地点 时间

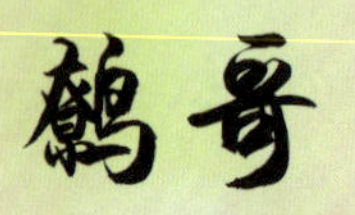

鹩哥

Gracula religiosa

识别特征 中大型鸣禽，体长约29厘米。身体呈闪辉黑色。具明显的白色翼斑，头侧具橘黄色肉垂及肉裾。虹膜深褐色；喙橘黄色；脚黄色。

生境及习性 见于西藏东南部、南方包括海岛的热带低地。常栖于高树，多成对活动，有时结群。

留鸟，常年可见。

日期 地点 时间

丝光椋鸟

Spodiopsar sericeus

识别特征 中型鸣禽，体长约23厘米。整体灰白色。雄鸟头部浅色，头顶及脸颊染褐，颏、喉至上胸白色具丝状羽。两翼及尾辉黑，雌鸟头部灰褐色且颈部丝状羽不明显，体羽较雄鸟暗淡偏褐色，腰更浅色。虹膜黑色；喙红色而尖端黑色；脚暗橘黄色。

生境及习性 栖息于开阔平原、农耕区和丛林间。不畏人，多结群、混群。主要以各类昆虫、野生果实和杂草种子为食。营巢于墙洞或树洞中，以干草、羽毛等做巢。
冬候鸟。

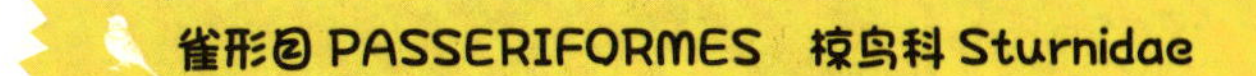
雀形目 PASSERIFORMES 椋鸟科 Sturnidae

日期 地点 时间

松鸦

Garrulus glandarius

识别特征 中大型鸣禽，体长约35厘米。头、上背、胸腹部肉桂色，宽阔的髭纹、翼及尾黑色，腰和臀白色。翼上具黑色和钴蓝色镶嵌图案。虹膜红褐色；喙灰黑色；脚肉棕色。

生境及习性 栖息于针叶林、阔叶林、针阔混交林和林缘灌丛的树冠层。多单独或集家族群，迁徙时集大群。性嘈杂而机警。杂食性，主要以橡子、松子为食。营巢于枝叶繁茂的高大树木上，每窝产卵3～8枚。

留鸟，常年可见。

日期 地点 时间

识别特征 大型鸣禽，体长约45厘米。黑白鹊类。具黑色长尾，两翼及尾黑色并具蓝色辉光。头、颈、胸、背部及臀部黑色，肩部、下腹部及两胁白色。虹膜暗褐色；喙黑色；脚黑色。

生境及习性 栖息于山麓、农田、城市公园等人类居住附近。常结3~5只小群活动，繁殖期成对活动。杂食性，从地面取食。营巢于高大乔木上或高压电柱上，每窝产卵5~8枚。

留鸟，常年可见。

日期 地点 时间

大嘴乌鸦

Corvus macrorhynchos

识别特征 大型鸣禽，体长约50厘米。全身黑色具蓝色光泽，喙甚粗厚，前额隆起。飞行时，双翼及尾显圆。虹膜褐色；喙黑色；脚黑色。

生境及习性 栖息于森林中，常见于疏林和林缘地带。喜在村庄周围活动，成对生活。性机警、好斗，攻击猛禽、甚至靠近巢穴的行人。杂食性。营巢于高大的针叶树枝丫上，每窝产卵3~5枚。

留鸟，常年可见。

日期 地点 时间

灰喜鹊

Cyanopica cyanus

识别特征 中大型鸣禽，体长约35厘米。顶冠、耳羽及枕部黑色，两翼天蓝色，尾长并呈蓝色。虹膜褐色；喙黑色；脚黑色。

生境及习性 栖息于开阔松林及阔叶林、公园甚至城镇。性吵嚷，飞行时振翼快，作长距离的无声滑翔。在树上、地面及树干上取食。以果实、昆虫及动物尸体为食。

留鸟，常年可见。

日期　　地点　　时间

红嘴蓝鹊

Urocissa erythroryncha

识别特征 大型猛禽，体长54～65厘米。喙、脚红色，头、颈、喉和胸黑色，头顶至后颈有一块白色至淡蓝白色或紫灰色块斑，其余背部紫蓝灰色或淡蓝灰褐色。尾长呈凸状具黑色亚端斑和白色端斑。胸腹部白色。

生境及习性 广泛分布于林缘地带、灌丛甚至村庄。性喧闹，结小群活动。以果实、小型鸟类及卵、昆虫为食，常在地面取食。
留鸟，常年可见。

日期　地点　时间

白喉红臀鹎

Pycnonotus aurigaster

识别特征 中型鸣禽，体长约20厘米。头顶黑色，耳羽白色或灰白色羽缘。腰苍白，臀红色，颏及头顶黑色，领环、腰、胸及腹部白色，两翼黑色，尾褐色。幼鸟臀偏黄色。虹膜红色；喙及脚黑色。

生境及习性 喜开阔林地或有矮丛的栖息生境、林缘、次生植被、公园。留鸟，常年可见。

日期 地点 时间

白头鹎

Pycnonotus sinensis

识别特征　中型鸣禽，长体约19厘米。身体呈橄榄绿色。成鸟头黑色，眼后一白色宽纹延至枕部，眼先有一个小白点，耳羽白色。尾深灰色，外侧尾羽具黄绿色羽缘。胸腹部污白色，颏、喉及尾下覆羽白色。幼鸟较暗淡，头灰色。虹膜深褐色；喙及脚黑色。

生境及习性　栖息于林地、灌丛、农田、市区公园等。喜结群，常见于枝头叶丛，边鸣叫边觅食。性活泼善鸣，不甚畏人，杂食性。营巢于灌木、竹林或乔木上，每窝产卵3~5枚。

留鸟，常年可见。

日期 地点 时间

黑短脚鹎

Hypsipetes leucocephalus

识别特征 中型鸣禽，体长约20厘米。具略松散的羽冠，尾略分叉，眼亮红色。有两种色型，通体黑色或仅头颈部白色、余部黑色，也有两种色型的中间过渡型。幼鸟偏灰色，羽冠较平。虹膜褐色；喙及脚红色。

生境及习性 栖息于中低山的常绿阔叶林、落叶阔叶林、平原、河谷或公园等。有季节性迁移现象。中国南方冬季常聚集上百只的大群，散落在树冠上。食果实和昆虫，营巢于山地森林的乔木上，每窝产卵2～4枚。

留鸟，常年可见。

日期 地点 时间

红耳鹎

Pycnonotus jocosus

识别特征 中型鸣禽，体长约20厘米。具黑色而长窄前倾的羽冠，黑白色的头部具有红色耳斑。背部余部偏褐色，胸腹部皮黄色，臀部红色，尾端具有白色缘。亚成鸟无红色耳斑，臀部粉红色。虹膜褐色；喙及脚黑色。

生境及习性 常见于林缘公园、次生林及灌丛，喜开阔林地、林缘、次生植被及村庄。喜群居，性吵嚷、好动。常站在小树最高点鸣唱或唧唧叫。杂食性，以植物性食物为主。

留鸟，常年可见。

日期 地点 时间

白鹡鸰

Motacilla alda

识别特征 中型鸣禽，体长约20厘米。不同亚种羽色不一，但均无全黑色的耳羽。体羽背部灰色，胸腹部白色，两翼及尾黑白相间。冬季头后、颈背及胸具黑色斑纹但不及繁殖期扩展。虹膜褐色；喙及脚黑色。

生境及习性 出现在河岸、农田至海岸等。多单独或结群在地面或水边觅食，几乎纯食昆虫。受惊扰时飞行骤降并发出尖锐示警叫声。在洞穴、石缝、河边土穴及灌丛中或居民点屋顶、墙洞等处筑巢。每窝产卵4~5枚。

留鸟，常年可见。

日期 地点 时间

灰鹡鸰

Motacilla cinerea

识别特征 中型鸣禽，体长约19厘米。尾长，偏灰色。腰黄绿色，成鸟胸腹部黄色，亚成鸟偏白色。具狭长的白色眉纹、深灰色的背部和黑色的双翼。繁殖期雄鸟喉黑色，胸至臀部明黄色；雌鸟颏及喉白色，杂有黑色，胸腹部黄色较浅。虹膜深褐色；雄鸟喙黑色，雌鸟喙深灰色。

生境及习性 栖息于溪流、河谷、沼泽等水域岸边、农田及林区居民地。主要以昆虫为食。营巢于河流两岸隐蔽处，每窝产卵4～6枚。
冬候鸟。

日期 地点 时间

树鹨

Anthus hodgsoni

识别特征 中小型鸣禽，体长约15厘米。背橄榄绿色。具明显的白色眉纹，颊深色，颊后缘上方有一白点，颏及喉皮黄色。背部无纵纹或仅有少量纵纹，两胁纵纹较多。幼鸟眉纹较暗淡，背部多纵纹而胁部较少。虹膜深褐色；上喙深灰色，下喙角质色；脚粉红色。

生境及习性 多见于杂木林、针叶林、阔叶林及其附近草地、居民点、田野等地。主要以昆虫为食，冬季兼食植物性食物。营巢于林间空地或林缘，每窝产卵4～6枚。

冬候鸟。

日期 地点 时间

黑脸噪鹛

Garrulax perspicillatus

识别特征 中大型鸣禽，体长约30厘米。体呈灰褐色。特征为额及眼罩黑色；背部暗褐色；外侧尾羽端宽、深褐色；胸腹部偏灰色渐次至腹部近白色，尾下覆羽黄褐色。虹膜褐色；喙近黑色，喙端较淡；脚红褐色。

生境及习性 栖息于中低山的丘陵和山脚平原地带的阔叶林、疏林和灌丛。结小群活动，多在地面取食。喜结群，性喧闹。主要以昆虫为食，也吃果实等植物性食物。常营巢于林下灌丛、竹丛或幼树上，每窝产卵3~5枚。

留鸟，常年可见。

日期 地点 时间

画眉

Garrulax canorus

识别特征 中型鸣禽，体长约22厘米。通体深褐色，特征为白色的眼圈在眼后延伸成狭窄的眉纹。顶冠、颈背及上胸具深色纵纹。虹膜棕褐色；喙偏黄色；脚黄褐色。

生境及习性 主要栖息于中低山丘陵和山脚平原地带的矮树丛和灌丛、农田、村落附近的竹林或庭院中。多成对或结小群活动，性机敏胆怯，歌声悠扬婉转。杂食，主要以昆虫为食。多营巢于灌木上，每窝产卵3～5枚。

留鸟，常年可见。

日期　　地点　　时间

黑领噪鹛

Garrulax pectoralis

识别特征 中大型鸣禽，体长约28~30厘米。背部棕褐色。后颈栗棕色，有半领环状。眼先棕白色，有白色眉纹，耳羽黑色而杂有白纹。胸腹部白色，胸有黑色环带，两端多与黑色颧纹相接。

生境及习性 性喜集群，多在林下茂密的灌丛或竹丛中觅食、跳跃和活动，一般较少飞翔。主要以甲虫、金花虫、蜻蜓、天蛾卵和幼虫以及蝇等为食，也吃草籽和其他植物的果实与种子。

留鸟，常年可见。

日期 地点 时间

小鹀

Emberiza pusilla

识别特征 小型鸣禽，体长约13厘米。繁殖期成鸟头具黑色和栗色条纹。雄鸟头顶、眼先、颊部栗红色，黑色侧冠纹，耳羽后缘镶黑色；背部灰褐色，胸腹部偏白色，全身具黑色纵纹。雌鸟头部暗棕色，侧冠纹不清晰。虹膜黑色，具狭窄白色眼圈；喙深灰色；脚肉褐色。

生境及习性 非繁殖季栖息于低山、丘陵和山脚灌木丛等。多结群生活，在地上分散活动。主要以草籽、种子、果实及昆虫为食。

冬候鸟。

日期

地点

时间

棕背伯劳

Lanius schach

识别特征 中大型鸣禽，体长约25厘米。成鸟额、过眼纹、两翼及尾黑色，翼有一白色斑；头顶及颈背灰色或灰黑色；颏、喉、胸及腹中心部位白色；背、腰及体侧红褐色；翼及尾黑色。幼鸟色较暗，两胁及背具横斑，头及颈背灰色较重。虹膜暗褐色；喙及脚黑色。

生境及习性 栖息于草地、灌丛及其他开阔地。性凶猛，常立于树枝顶端或电线上。主要以昆虫、蛙、小型鸟类和鼠类为食。营巢于高灌木的枝杈。每窝产卵4～5枚，雌鸟孵卵。

留鸟，常年可见。

日期 地点 时间

红尾伯劳

Lanius cristatus

识别特征 中大型鸣禽，体长18～21厘米。背部棕褐色或灰褐色，两翼黑褐色，头顶灰色或红棕色、具白色眉纹和粗著的黑色贯眼纹。尾上覆羽红棕色，尾羽棕褐色，尾呈楔形。

生境及习性 一般生活于温湿地带森林、常见于平原、丘陵，多筑巢于林缘、开阔地。主要吃直翅目蝗科、螽斯科、金龟子科及鳞翅目等昆虫。偶尔吃少量草籽。

冬候鸟。

日期 地点 时间

家燕

Hirundo rustica

识别特征 中型鸣禽，体长约20厘米。尾深分叉，背部钢蓝色，胸腹部白色；前额、颏及喉红棕色；胸偏红色而具有一道蓝色的胸带，腹白色；尾甚长，近端处具有白色点斑。虹膜黑色；喙及脚黑色。

生境及习性 见于城市、农村的各种人居住生境。通常成松散小群，单独在水上盘旋或低处滑翔。巢由泥团黏附于屋檐下或桥下或探出的岩崖下。每窝产卵4~5枚，雌雄亲鸟共同喂养雏鸟。

夏候鸟。

日期 地点 时间

金腰燕

Cecropis daurica

识别特征 中小型鸣禽，体长约18厘米。浅栗色腰，背部钢蓝色，胸腹部白色而多具黑色细纹，耳羽、枕侧、腰及臀部浅棕色，尾长叉深。幼鸟背部暗淡，翼覆羽及三级飞羽具浅色羽端，胸腹部纵纹较弱。虹膜黑色；喙及脚黑色。

生境及习性 常栖于山间村镇附近的树枝或电线上。性喜结群。每年繁殖两次，营巢于住户横梁上、屋檐下、天花板上，巢成半葫芦状，每窝产卵4～6枚。

夏候鸟。

日期 地点 时间

纯色山鹪莺

Prinia inornata

识别特征 小型鸣禽，体长约14厘米。通体略单调偏棕色。繁殖期时羽毛具浅色眉纹，皮黄色，眼先及浅褐色耳羽；背部暗褐色，胸腹部淡皮黄色至偏红色。冬季羽毛颜色浅淡，尾更长。虹膜浅褐色；喙近黑色；脚粉红色。

生境及习性 栖息于中低山和平原的农田、果园、灌丛、草丛及沼泽中。结小群活动，在灌木下部和草丛中跳跃，以昆虫及其幼虫为食。常营巢于芒草丛间，每窝产卵4～6枚。

留鸟，常年可见。

日期 地点 时间

长尾缝叶莺

Orthotomus sutorius

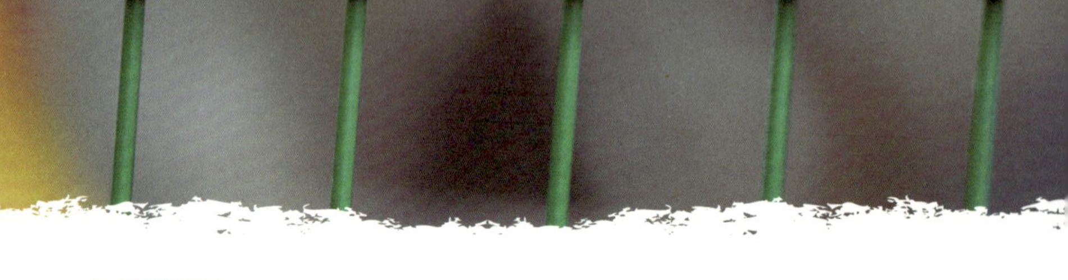

识别特征 小型鸣禽，体长约12厘米。额及前顶冠棕色，眼先及头侧近白色，后顶冠及颈背偏灰色，背、两翼及尾橄榄绿色，尾长而凹，胸腹部白色而两胁灰色。虹膜橘黄色；喙细长，上喙褐色，下喙偏粉色；脚粉红色。

生境及习性 栖息于山脚和平原地带树丛。性活泼，发出刺耳尖叫声。以昆虫、小型无脊椎动物、植物的果实和种子为食。常营巢于树丛和灌丛，每窝产卵3～5枚。

留鸟，常年可见。

日期 地点 时间

识别特征　小型鸣禽，体长约13厘米。整体呈橄榄绿色，头部灰黑色，喉及胸白色，下胸及腹部黄色。虹膜浅褐色；上喙黑色至褐色，下喙浅色；脚橘黄色。

生境及习性　主要以甲虫、蚂蚁等鞘翅目、膜翅目、鳞翅目昆虫为食，也吃少量杂草种子。常栖于芦苇沼泽、高草地及灌丛。甚惧生，藏匿于高草或芦苇中，仅在鸣叫时栖于高杆。扑翼时发出清脆声响。留鸟，常年可见。

日期 地点 时间

识别特征 小型鸣禽，体长约12厘米。具棕色顶冠、黄色腹。具明显的黄色眉纹，背部橄榄绿色，颏、喉及上胸部灰白色，下胸及腹部为鲜艳黄色。虹膜褐色；上喙黑色，下喙色浅；脚粉红色。

生境及习性 栖于山区森林、开阔的山地灌丛及茂密竹丛。喜群栖，常结小群但多隐匿于浓密覆盖下而难以看见。易以鸣声分辨。

留鸟，常年可见。

日期 地点 时间

黑卷尾

Dicrurus macrocercus

识别特征 中大型鸣禽，体长约30厘米。通体蓝黑色闪金属光泽。喙小，尾长而叉深并向外卷曲，在风中常上举成奇特角度。幼鸟胸腹部下部具浅色横纹；亚成鸟胸腹部下部具近白色横纹。虹膜棕红色；喙及脚黑色。

生境及习性 栖息于有树的原野、耕地、城市公园等。常立在小树或电线上。多成对或结小群活动，繁殖期善鸣叫。每窝产卵3～4枚，雌雄亲鸟共同参与孵卵和育雏。

夏候鸟。

日期 地点 时间

发冠卷尾

Dicrurus hottentottus

识别特征 大型鸣禽，体长约32厘米。通体黑色，具蓝绿色光泽，前额具丝状羽冠，体羽斑点闪烁。尾长而分叉，外侧羽端钝而上翘形似竖琴。第一年冬羽闪斑较少，腹部和臀具白斑。虹膜暗红褐色；喙黑色；脚黑色。

生境及习性 栖息于中低山的各类林、公园和人工绿地。常单独或成对活动于林冠层，营巢于高大乔木顶端的枝丫上。主要以昆虫为食，也以少量植物种子为食。每窝产卵3～4枚，雌雄亲鸟共同筑巢、孵卵和育雏。

留鸟，常年可见。

日期 地点 时间

叉尾太阳鸟

Aethopyga christinae

识别特征 小型鸣禽，体长约10厘米。雄鸟头颈部金属绿色，背部橄榄色或近黑色；头侧具闪辉绿色的髭纹和绛紫色的喉斑；尾上覆羽及中央尾羽闪辉金属绿色且有尖细的延长，胸腹部余部污白色。雌鸟较单调，背部橄榄色，胸腹部浅黄绿色，眼圈模糊，尾羽无延长。

生境及习性 栖息于森林、城镇的矮丛树木。性不畏人，喜在开花的树冠活动。以花蜜为主食，有时也吃昆虫。每窝产卵2～4枚。

留鸟，常年可见。

日期 地点 时间

红胸啄花鸟

Dicaeum ignipectus

识别特征 小型鸣禽，体长约9厘米。雄鸟背部闪辉深绿蓝色，胸腹部皮黄色，胸具猩红色斑块，下胸至腹部中央具狭窄黑纹。雌鸟背部橄榄褐色，胸腹部皮黄色。虹膜褐色；喙及脚黑色。

生境及习性 栖息于中低山和山脚平原地带的阔叶林和次生阔叶林。常3~5只结小群活动于高树顶端。飞行速度快，常边飞边叫。主要以昆虫和植物果实为食。巢囊状，常悬挂在细小的树枝上，四周有绿叶掩盖，每窝产卵2~3枚。

留鸟，常年可见。

日期 地点 时间

赤红山椒鸟

Pericrocotus flammeus

识别特征 中小型鸣禽，体长约19厘米。色彩浓艳。雄鸟蓝黑色，胸、腹、腰、尾羽羽缘及翼上的两道斑纹红色。雌鸟背部多灰色，黄色代替雄鸟的红色，且黄色延至喉、颏、耳羽及额头。虹膜褐色；喙及脚黑色。

生境及习性 栖息于中低海拔的山地和平原的阔叶林，也见于松林、草地或耕地。性活泼，多成对或结小群活动，在小树叶的树顶上轻松飞掠和觅食。主食昆虫，常营巢于森林中乔木的水平枝杈上，每窝产卵2～4枚。

留鸟，常年可见。

日期 地点 时间

中文名索引

A

暗绿绣眼鸟 056

B

八哥 100
白鹡鸰 124
白喉红臀鹎 116
白鹭 018
白头鹎 118
白胸苦恶鸟 026
白腰文鸟 076
斑头鸺 038
斑文鸟 078
北红尾鸲 086
北灰鹟 092

C

叉尾太阳鸟 158
长尾缝叶莺 148
池鹭 024
赤红山椒鸟 162
纯色山鹪莺 146

D

大拟啄木鸟 046
大山雀 066
大嘴乌鸦 110
东亚石䳭 094

F

发冠卷尾 156

H

褐翅鸦鹃 034
褐柳莺 072
黑短脚鹎 120
黑卷尾 154
黑脸噪鹛 130
黑领椋鸟 098
黑领噪鹛 134
黑水鸡 028
黑尾蜡嘴雀 062

红耳鹎 122
红头长尾山雀 074
红尾伯劳 140
红胁蓝尾鸲 088
红胸啄花鸟 160
红嘴蓝鹊 114
画眉 132
黄腹山鹪莺 150
黄眉柳莺 068
黄腰柳莺 070
灰鹡鸰 126
灰背鸫 082
灰头绿啄木鸟 044
灰喜鹊 112
灰胸竹鸡 032

J

家燕 142
金翅雀 064
金腰燕 144

L

栗头织叶莺 152
鹩哥 102
绿翅鸭 054
绿鹭 022

M

麻雀 058

P

普通鵟 040
普通翠鸟 048

Q

鹊鸲 090

S

山斑鸠 052
山麻雀 060
蛇雕 042
树鹨 128
丝光椋鸟 104
松鸦 106

W

乌鸫 080

X

喜鹊 108
小䴙䴘 030
小鸦 136

Y

夜鹭 020

Z

噪鹃 036
中华攀雀 096
珠颈斑鸠 050
紫啸鸫 084
棕背伯劳 138

学名索引

A

Acridotheres cristatellus 100

Aegithalos concinnus 074

Aethopyga christinae 158

Alcedo atthis 048

Amaurornis phoenicurus 026

Anas crecca 054

Anthus hodgsoni 128

Ardeola bacchus 024

B

Bambusicola thoracicus 032

Buteo japonicus 040

Butorides striata 022

C

Cecropis daurica 144

Centropus sinensis 034

Chloris sinica 064

Copsychus saularis 090

Corvus macrorhynchos 110

Cyanopica cyanus 112

D

Dicaeum ignipectus 160

Dicrurus hottentottus 156

Dicrurus macrocercus 154

E

Egretta garzetta 018

Emberiza pusilla 136

Eophona migratoria 062

Eudynamys scolopaceus 036

G

Gallinula chloropus 028

Garrulax canorus 132

Garrulax pectoralis 134

Garrulax perspicillatus 130

Garrulus glandarius 106

Glaucidium cuculoides 038

Gracula religiosa 102

Gracupica nigricollis 098

H

Hirundo rustica 142
Hypsipetes leucocephalus 120

L

Lanius cristatus 140
Lanius schach 138
Lonchura punctulata 078
Lonchura striata 076

M

Motacilla alda 124
Motacilla cinerea 126
Muscicapa dauurica 092
Myophonus caeruleus 084

N

Nycticorax nycticorax 020

O

Orthotomus sutorius 148

P

Parus minor 066
Passer cinnamomeus 060
Passer montanus 058
Pericrocotus flammeus 162
Phoenicurus auroreus 086
Phyllergates cucullatus 152
Phylloscopus fuscatus 072
Phylloscopus inornatus 068
Phylloscopus proregulus 070
Pica serica 108
Picus canus 044
Prinia flaviventris 150
Prinia inornata 146
Psilopogon virens 046
Pycnonotus aurigaster 116
Pycnonotus jocosus 122
Pycnonotus sinensis 118

R

Remiz consobrinus 096

S

Saxicola stejnegeri 094
Spilornis cheela 042
Spodiopsar sericeus 104
Streptopelia chinensis 050
Streptopelia orientalis 052

T

Tachybaptus ruficollis 030
Tarsiger cyanurus 088
Turdus hortulorum 082
Turdus mandarinus 080

U

Urocissa erythroryncha 114

Z

Zosterops japonicus 056

后记

根据调查结果，在银排岭地区栖息的鸟类主要有暗绿绣眼鸟、乌鸫、白头鹎、红耳鹎、鹊鸲、长尾缝叶莺、斑文鸟、白鹡鸰等，主要以林鸟为主，优势种明显。在调查过程中，发现在公园东部树林处，最多时有几十只斑文鸟云集于此进行觅食。

可以说鸟类资源是银排岭地区重要的生物资源，通过我们的观察发现如此众多的鸟类在此迁徙、停留、觅食、栖息，说明银排岭地区作为城市生态岛屿对于鸟类资源的保护发挥了重要作用，成为龙洞城区和凤凰城区间不可或缺的鸟类栖息地和生态庇护所。同时，出现在本笔记中的鸟类皆为广州市常见鸟类，通过识别、辨认和记录这些广州常见鸟类，可以作为鸟类观察入门基础，进而你可以去识别辨认更多的鸟类啦！

张廷娜

2021年3月